MODÈLES

DE TOPOGRAPHIE.

Imp. Cosse et Dumaine,
Rue Christine, 2.

MODÈLES
DE TOPOGRAPHIE

DESSINÉS ET LAVÉS

PAR A.-M. PERROT

MEMBRE DE LA SOCIÉTÉ PHILOTECHNIQUE, DE L'ATHÉNÉE DES ARTS, DE LA SOCIÉTÉ DE GÉOGRAPHIE, DE LA SOCIÉTÉ ROYALE
ACADÉMIQUE DES SCIENCES, DE CELLE D'AGRONOMIE PRATIQUE, ETC.

QUATRIÈME ÉDITION
REVUE ET AUGMENTÉE.

J. DUMAINE, NEVEU ET SUCCESSEUR DE **G.-LAGUIONIE**,
(MAISON ANSELIN)
RUE ET PASSAGE DAUPHINE, 36.

1847

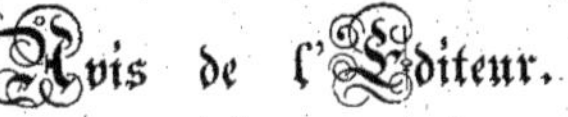

Le succès obtenu par cet ouvrage et les imitations, on pourrait presque dire les contrefaçons qui en ont été faites, sont des preuves bien positives de son utilité et de la clarté de son exécution. Sans nous écarter du but primitif et spécial de l'auteur, celui d'offrir des Modèles pour le dessin et le lavis de la Topographie, nous avons, comme l'exigeaient les progrès de cet art depuis quelques années, modifié et complété le texte de cette nouvelle édition, augmenté le nombre des planches et perfectionné le coloris, sans y ajouter des instructions sur la géométrie, la trigonométrie, le lever des plans, etc., connaissances qui ne pouvaient y trouver qu'une place trop restreinte et qui, d'ailleurs, sont étrangères au dessin proprement dit, dont la pratique devient de plus en plus nécessaire, dans le civil, depuis que de grands travaux publics exigent de nombreux plans, dans l'armée où ce genre de travail est aujourd'hui demandé aux militaires de tous grades dans les inspections générales annuelles.

Nous avons ajouté à cette édition un travail entièrement neuf sur l'emploi des couleurs inaltérables, pour l'exécution des plans topographiques qui doivent être soignés et conserver toujours l'harmonie des tons qui disparaît si promptement par l'altération des couleurs en usage.

INTRODUCTION.

La Topographie est l'art de représenter, sur une échelle de proportion quelconque, la surface du sol et tous les accidents d'un terrain, soit en employant des signes et des teintes de convention, soit en imitant la nature autant qu'elle peut l'être sur une aussi petite réduction. Dans le premier cas, qui est le plus commun et suffit au plus grand nombre d'opérations, ce genre de dessin offre peu de difficultés ; dans le second, il exige une partie des études indispensables au paysagiste, c'est-à-dire l'entente de la perspective aérienne et de l'harmonie des couleurs, pour reproduire, à l'aide de l'opposition des tons, le relief des montagnes, les anfractuosités des rochers, l'enfoncement varié des vallées, le mouvement sinueux des eaux, la hauteur, la densité et la verdure nuancée des bois; et conserver aux œuvres admirables de la nature le mouvement et la vie qu'elle leur a imprimés. C'est enfin la nature elle-même, revêtue de ses formes et de ses couleurs, qu'il s'agit de représenter sur une petite échelle.

Un dessin topographique, n'étant autre chose que la projection horizontale des objets, est insuffisant pour nous les faire connaître tels qu'ils se présentent à nos yeux. En effet, cette projection ne nous montre pas la hauteur, la forme des édifices, celles d'un moulin, d'une pyramide, d'un arbre, etc.

Pour rendre sensibles ces formes qui échappent au tracé horizontal, on a adopté une méthode fort simple, puisée dans la nature.

Partant de cette observation, que tous les corps éclairés se peignent dans une ombre qui varie avec la position de la lumière, il a été facile de remarquer, même sans le secours de la géométrie, que l'ombre portée par les corps sur un plan horizontal reproduisait leurs dimensions naturelles, lorsqu'ils étaient éclairés par un rayon de lumière formant avec l'horizon un angle de 45 degrés. On est donc convenu de les considérer comme étant toujours éclairés par ce rayon de lumière qu'on suppose dirigé de gauche à droite.

La Topographie, comme les autres genres de dessin, étant un art d'imitation, un bon modèle est plus utile et se comprend mieux que le texte le plus étendu. Ce motif nous a engagés à publier cette collection, qui réunit des exemples de tous les accidents d'un terrain, et indique exactement les différentes gradations à observer pour parvenir à l'exécution de chaque partie. Afin d'atteindre plus sûrement le but que nous nous sommes proposé, on n'a confié au burin que le trait des modèles, auquel on a donné la même légèreté que si on l'eût tracé à la main. Nous avons fait dessiner et laver les détails avec le plus grand soin ; nous avons ainsi évité la roideur que l'on reproche avec raison à la gravure, dans ces sortes d'ouvrages, et donné à nos dessins tout le moelleux et le mérite de modèles entièrement faits à la main. Nos modèles de topographie sont suivis de tableaux représentant les *teintes* et les *signes conventionnels* adoptés, ainsi qu'un exemple d'*écriture moulée*. Une explication suffisante, placée en regard de chaque modèle, contribue à en faciliter l'intelligence ; un *tableau comparatif des anciennes et des nouvelles échelles*, rédigé au dépôt général de la guerre, termine cet ouvrage.

Les objets nécessaires pour le dessin de la topographie sont peu nombreux et se réduisent aux suivants :

Deux *équerres* minces pour élever des perpendiculaires et tracer des horizontales, des parallèles ou des directions d'ombres à 45 degrés ;

Des *crayons* de mine de plomb de diverses duretés ;

Un morceau de *gomme élastique* pour effacer les traits de crayon ;

Un morceau de *colle à bouche* pour fixer le papier sur une planche ou un carton ;

Quelques *godets* de porcelaine ;

Deux *pinceaux*, au moins, un peu forts et emmanchés sur une même *hampe*. Un gros pinceau peut avoir une pointe très fine et servir à faire les détails les plus délicats, comme les teintes plates les plus étendues ;

Un bâton d'*encre de la Chine* ;

Une *planche* de bois blanc, ou un *carton* épais pour tendre le papier. La première est préférable ;

Enfin un pain de chacune des couleurs suivantes : *Carmin, gomme-gutte, indigo, bleu de Prusse* et *sépia* (1), avec lesquelles on peut obtenir, par des mélanges, toutes les teintes que présente la nature. Un grand nombre de couleurs devient embarrassant pour les militaires ou les ingénieurs qui sont sujets à de fréquents déplacements. Ces couleurs ne sauraient cependant pas suffire pour l'exécution d'un plan topographique fini, et où l'art devrait remplacer la convention. Il faudrait alors employer encore la *teinte neutre*, la *pierre de fiel*, la *terre de Sienne brûlée*, le *minium*, le *cobalt*, qui donnent des tons à la fois chauds et harmonieux (2).

L'encre de la Chine, soit pour le trait, soit pour le lavis, doit être délayée avec peu d'eau, en frottant le bout du bâton au fond d'un godet. Il faut éviter de la faire trop épaisse et ne jamais délayer de nouveau celle qui a séché dans le godet, car elle perd alors sa solidité et s'étend sous le lavis.

Le choix du papier est important pour obtenir un lavis convenable ; il faut préférer le papier vélin, bien uni, un peu fort et également ment collé.

---

(1) La teinte de terre peut se faire avec un mélange de carmin, de gomme-gutte et d'encre de la Chine, mais il est assez difficile d'assortir convenablement ces couleurs, qui d'ailleurs déposent et changent de ton, c'est ce qui doit faire préférer la sépia.

(2) Voir à la fin de l'ouvrage des observations pour l'emploi des couleurs solides.

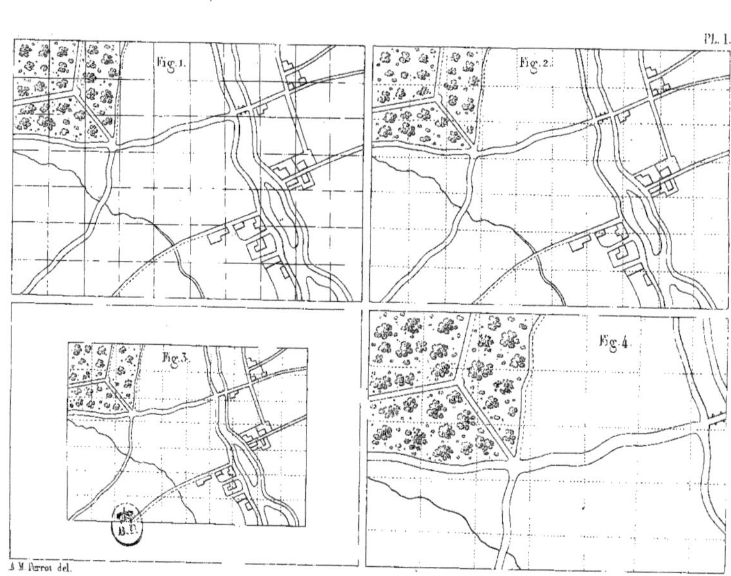

Fig. 1.
Fig. 2.
Fig. 3.
Fig. 4.
J. M. Parrot del.

PLANCHE Ire.

DESSIN ET COPIE DES PLANS.

Un dessin topographique est la mise au net d'une minute levée sur le terrain, ou la copie, soit à la même échelle, soit réduite, d'un plan existant ; dans le premier cas, les lignes d'emprunt, les mesures d'angles, ou la triangulation faites sur le terrain serviront au tracé du dessin et y seront reproduites à l'aide du compas, du rapporteur et d'une échelle métrique. Il y a plusieurs moyens de faire des copies conformes d'un plan ; le plus simple est le *calque*, qui consiste à placer sur ce plan une feuille de papier transparent (papier végétal ou papier pelure), et à tracer tout ce que l'on voit au travers de ce papier. On peut obtenir le même résultat sur du papier ordinaire à dessin en se servant du *calquoir*, vitre inclinée sur laquelle on place le plan et la feuille, et qui étant éclairée par-dessous, offre une transparence suffisante pour tracer tous les détails. Si le plan à copier est sur une grande échelle, et si surtout il se compose de lignes droites, on peut employer avec avantage le *piquage*, pour cela on fixe le modèle sur une feuille de papier blanc, puis, avec une aiguille fine emmanchée, on pique tous les sommets d'angles, les extrémités des lignes, les points d'intersections et tous les points qui seront nécessaires pour obtenir une copie exacte.

La méthode la plus généralement employée et qui donne le meilleur résultat, quand on a acquis l'habitude de s'en servir, est celle des *carreaux*. Elle consiste à tracer sur le modèle des lignes verticales et des lignes horizontales qui couvrent sa surface de carrés réguliers, comme le montre la *fig.* 1re, *Planche* Ire, de construire sur une feuille de papier un *carroiement* semblable, *fig.* 2, et de copier dans chacun des carrés du papier, ce qui se trouve dans les carrés correspondants du modèle. Plus les carrés sont nombreux et petits, plus l'exactitude de la copie sera facile à obtenir. Ce moyen offre l'avantage de faire la copie ou plus petite que le modèle, *fig.* 3, ou plus grande, *fig.* 4, en établissant les carreaux du papier plus petits ou plus grands que ceux du modèle, et sur l'échelle qui aura été adoptée.

Pl. II.

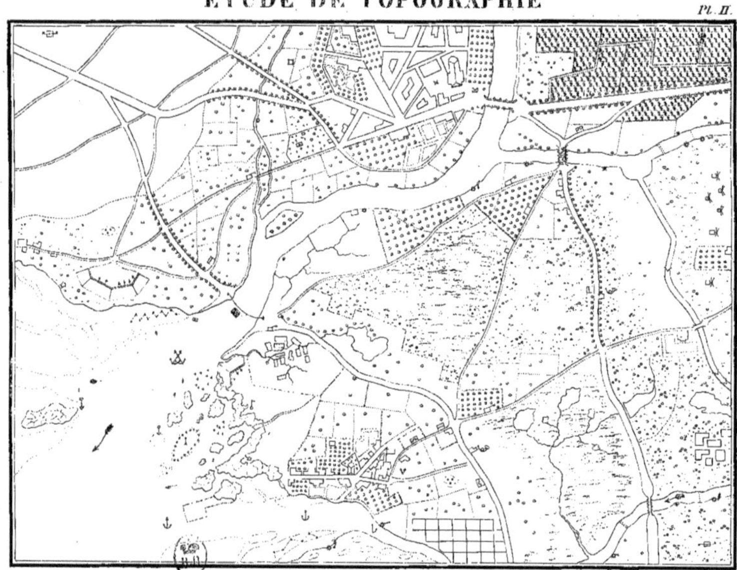

PLANCHE II.

TRAIT.

Un plan étant tracé d'après l'une des méthodes indiquées précédemment, avec un crayon un peu dur, d'une manière très précise, le plus purement possible, on l'arrêtera avec de l'encre de la Chine, en employant une plume dite bout-d'aile, une plume de corbeau ou mieux une plume de fer très fine, en imitant pour les détails les exemples réunis sur la *Planche* II.

Le trait doit toujours être fin et léger. Les cours d'eau un peu considérables doivent être représentés par deux traits bien parallèles, se rétrécissant insensiblement à mesure qu'ils s'approchent de la source, en observant que la rive exposée à la lumière soit plus fine que celle qui lui est opposée; ce trait de force, qui donne du relief au terrain, change ainsi de côté suivant les sinuosités du cours d'eau.

Les ruisseaux que l'échelle du plan ne permet pas d'exprimer par un double trait, le seront par un trait simple, très fin vers la source et s'élargissant graduellement vers l'embouchure.

L'un des côtés des routes et des chemins doit aussi être tracé plus fortement que l'autre, c'est celui opposé à la lumière si le chemin est creux, comme le lit d'une rivière, et l'autre si au contraire ce chemin est formé par une chaussée élevée ou un remblai.

Il en sera de même pour les lignes inférieures de tous les détails, maisons, moulins, rochers, arbres isolés, bois, etc., etc, pour accuser les ombres que ces objets portent sur le terrain. Mais ces *coups de force* sont inutiles et peuvent même devenir nuisibles lorsque le plan doit être lavé, ils rendraient alors ce trait trop tranchant, nuiraient à l'effet général des couleurs et pourraient altérer leur pureté si l'encre de la Chine n'était pas parfaitement bonne. Les ombres sont alors portées quand le lavis est tout à fait terminé.

Dans le cas de lavis, on peut arrêter le trait avec des couleurs, savoir : le contour des côtes, les rivières, les ruisseaux, lacs, étangs, marais, etc., avec du bleu; les routes, chemins, levées de terre, rochers, avec de la sépia; les villes, villages, maisons isolées et tout ce qui est maçonnerie, avec du carmin; les bois, buissons, haies, arbres isolés, avec du vert.

Les traits de crayon seront effacés avec la gomme élastique avant le lavis et après l'achèvement des hachures des pentes, mais légèrement et sans altérer l'épiderme du papier.

On demande souvent aux militaires, un plan dessiné simplement au crayon, dans ce cas, il faut donner au trait toute la pureté qu'il pourrait avoir à la plume. On peut lui donner de la solidité en versant de l'eau bien pure sur le papier, quand le dessin est entièrement terminé.

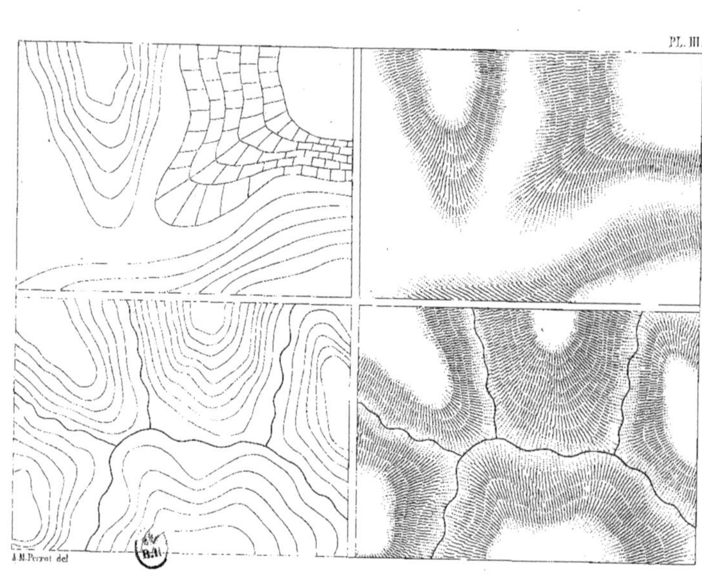
À M. Perrot del.

PLANCHE III.

Les courbes de niveau ou tranches horizontales sont employées pour exprimer les reliefs. On suppose une élévation de terrain coupée par des plans de niveaux également distants entre eux, cinq mètres par exemple; leur rencontre avec le versant forme des intersections qui se rapprochent de plus en plus à mesure que la pente devient plus rapide, et qui se confondent dans les chutes verticales. L'avantage de cette méthode est d'indiquer, par la simple inspection des tranches, le relief très exact du terrain et d'exprimer la différence précise de niveau d'un point à un autre.

Quand les tranches ont été déterminées par le lever, il faut les rapporter avec exactitude et les tracer légèrement au crayon; ensuite on les ombre à la plume par le moyen de tailles ou hachures dirigées toujours normalement à la section supérieure de chaque tranche, pour indiquer la ligne de plus grande pente. Ces tailles doivent être régulières, mais sans roideur et même un peu tremblées.

Dans les parties courbes, lorsque, par l'adoucissement des pentes, les lignes d'intersections s'éloignent l'une de l'autre, on subdivise chaque tranche principale en tranches intermédiaires, pour éviter la trop grande divergence des tailles.

Dans les parties où les sections se rapprochent, les tailles doivent aussi se resserrer pour forcer le ton ; celles qui se trouvent dans l'ombre seront fortes et noires, et celles dans la partie éclairée seront fines et d'une encre moins foncée.

Les montagnes levées par tranches sont susceptibles d'être lavées : on obtient au moyen des teintes le même effet que par les hachures.

Dans l'un et l'autre genre de dessin, l'effet s'obtient par l'opposition de ton entre les parties éclairées et celles qui sont dans l'ombre.

En général, il faut avoir soin de forcer le ton au sommet, et de ménager toujours très clair l'endroit où les rayons frappent perpendiculairement.

Pl. IV.
Fig. 1.
Fig. 2.
Fig. 3.
Fig. 4.
Fig. 5.
Fig. 6.
Fig. 7.
Fig. 8.
Fig. 9.

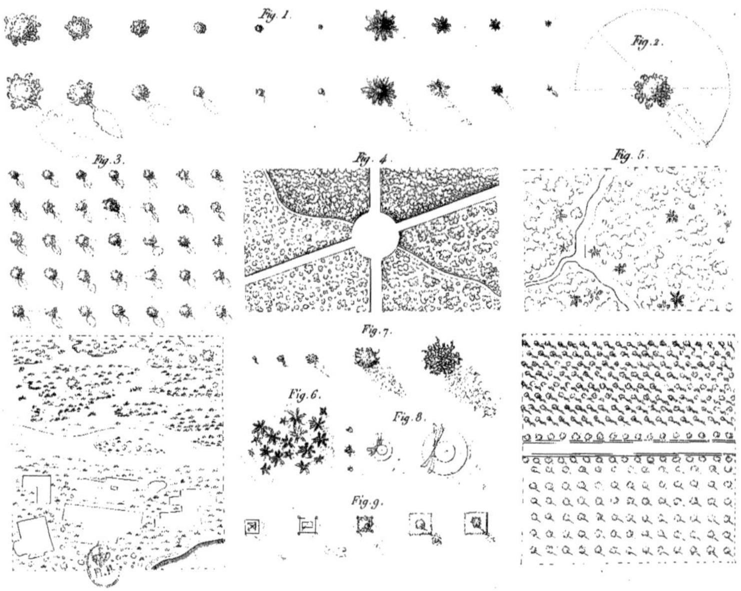

PLANCHE IV.

DÉTAILS.

Cette planche est offerte comme exemple des exercices les plus utiles auxquels doivent se livrer ceux qui désirent apprendre à dessiner la Topographie. Il faut à cet effet copier ces détails avec persévérance, sur plusieurs échelles, tantôt plus grandes, tantôt plus petites.

Pour rendre avec facilité les différentes espèces de bois, il est essentiel de commencer par les dessiner très légèrement au crayon, en esquissant d'abord les arbres isolés (*fig.* 1re); et passant graduellement aux masses de bois indiquées par les *fig.* 4 et 5, on répétera cette étude jusqu'à ce que l'on ait atteint une parfaite imitation; alors on dessinera les mêmes figures à la plume et avec de l'encre de la Chine bien coulante.

La *fig.* 3 représente un quinconce. Il faut avoir soin de placer les arbres sur les intersections déterminées par les lignes ponctuées, et observer que l'ombre de chaque arbre doit être portée, de gauche à droite, dans la direction que lui donnerait le soleil, en le supposant à 45 degrés d'élévation (*fig.* 2).

On trouve dans la *fig.* 4 une partie de forêt très serrée, une autre plus claire, et une jeune plantation.

La *fig.* 5 indique une autre manière de figurer les bois sur une plus grande échelle. Il est rare que l'échelle d'un plan permette de déterminer la nature des diverses espèces d'arbres; les sapins sont les seuls susceptibles d'être distingués.

On ne saurait trop s'exercer à dessiner les autres détails figurés au bas de cette planche; tels que marais, tourbières, vignes, etc. Ils apprendront à faire avec régularité et pureté tous les objets isolés et les signes de convention qui se trouvent en grand nombre sur un plan.

Voir plus loin les instructions sur la composition des teintes et le lavis.

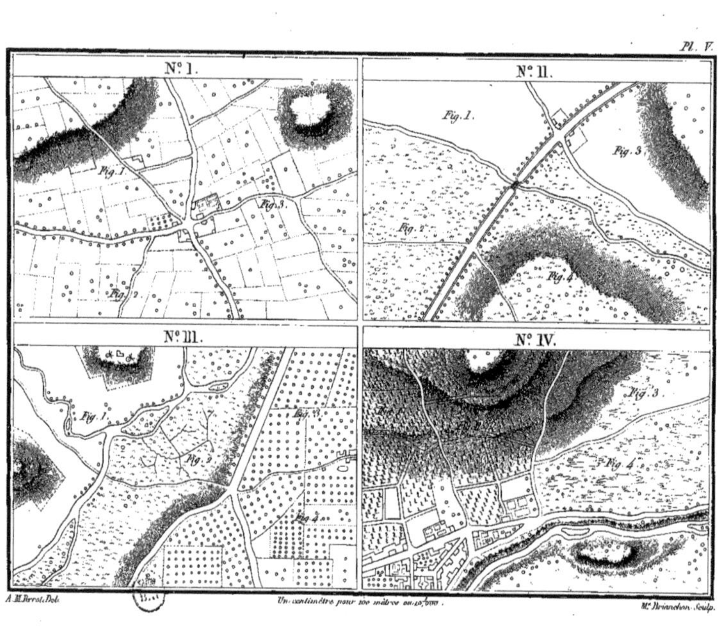

Pl. V.
N.º 1.
Fig. 1.
Fig. 3.
Fig. 2.
N.º II.
Fig. 1.
Fig. 3.
Fig. 2.
Fig. 4.
N.º III.
Fig. 1.
Fig. 3.
Fig. 2.
N.º IV.
Fig. 3.
Fig. 4.
A. M. Perrot, Del.
Un centimètre pour 100 mètre ou 10/000.
M. Brionchon Sculp.

PLANCHE V.

N° 1. — *Terres labourées*.

La *figure* 1re indique la division d'une partie de pays entièrement cultivée ; les pièces de terre sont séparées par des lignes ponctuées légèrement à la plume ou par un trait continu et très fin au crayon. La *figure* 2, la teinte locale servant de fond ; elle est composée de deux tons fondus ensemble, l'un orange, fait avec un mélange de gomme-gutte et de carmin, l'autre vert, avec la gomme-gutte et l'indigo. Ces deux tons doivent être préparés dans des godets séparés, comme pour toutes les teintes panachées indiquées dans les exemples suivants et pour lesquelles il faut avoir deux pinceaux sur même hampe ; avec l'un on applique d'abord des touches irrégulières de l'une des teintes, et avec l'autre on applique promptement la seconde, avant que la première ne soit sèche, pour qu'elles se fondent entre elles par les bords, sans former de taches ni de lignes dures. Les sillons, *fig.* 3, de couleurs variées, doivent être faits avec la pointe d'un pinceau ; il faut éviter de les rendre trop réguliers, mais au contraire les trembler un peu et y laisser quelques interruptions.

N° II. — *Friches*.

Figure 1re. Fond panaché de deux teintes, l'une d'un vert pré et l'autre aurore, la première faite avec de la gomme-gutte et du bleu de Prusse, la seconde avec de la gomme-gutte et du carmin. On y jette ensuite quelques retouches, légères et rares, avec les mêmes couleurs, comme l'indique la *fig.* 2.

Bruyères.

Figure 3. Teinte panachée de vert et de carmin faible, avec des retouches, *figure* 4, faites avec les mêmes couleurs plus foncées.

N° III. — *Prairies*.

Figure 1re. Teinte de fond composée de gomme-gutte et de bleu de Prusse ; quand l'échelle du plan est grande, on y jette çà et là quelques touches de carmin très faible, d'encre de la Chine et de vert un peu plus fort que celui du fond, *fig.* 2, pour rompre la monotonie d'une teinte plate.

Vergers.

Figure 3. Dessin à la plume, indiquant les arbres ; on peut les tracer soit à l'encre de la Chine pâle, soit avec du vert un peu foncé ; *fig.* 4, teinte de fond, de vert fait avec de l'indigo et de la gomme-gutte ; on remplit les arbres avec du vert plus foncé et on fait les ombres portées avec de la sépia. On peut, avec un peu d'habitude, commencer par la teinte de fond et faire ensuite les arbres au pinceau sans les tracer préalablement à la plume.

N° IV. — *Vignes*.

Figure 1re. Dessin à la plume, indiquant les ceps et leur ombre. La teinte de fond, *fig.* 2, est composée de carmin pâle, altéré par un peu de gomme-gutte et d'encre de la Chine ; les ceps doivent être piqués très finement avec du vert foncé.

Landes.

Figure 3. Fond panaché ; la teinte jaune indique les parties basses et sablonneuses, qui sont couvertes d'eau en hiver ; le vert, les parties découvertes. Les retouches, *fig.* 4, se font avec les mêmes couleurs plus foncées.

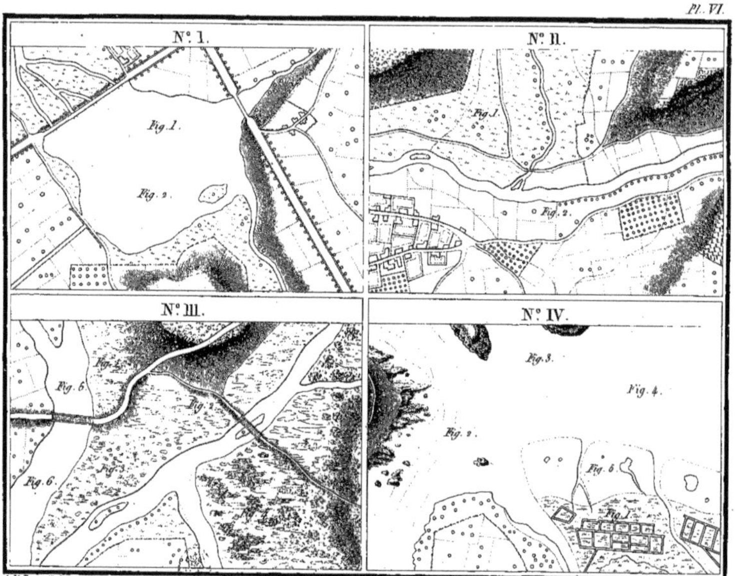

Pl. VI.
N.° I.
Fig. 1.
Fig. 2.
N.° II.
Fig. 1.
Fig. 2.
N.° III.
Fig. 5.
Fig. 6.
Fig. 1.
Fig. 6.
Fig. 4.
N.° IV.
Fig. 3.
Fig. 4.
Fig. 2.
Fig. 5.
Fig. 1.
A. M. Perrot, Del.
Un centimètre pour 100 mètres ou 1/10,000.
M.r Branchon, Sculp.

PLANCHE VI.

N° 1. — Étangs.

Figure 1re. Teinte de fond faite avec de l'indigo pur, léger et transparent. *Figure* 2, touches de même couleur un peu plus foncée, tracées avec hardiesse parallèlement à la base du plan, et peu sensibles du côté éclairé.

N° II. — Inondations.

Figure 1re. Les détails de la partie inondée doivent être faits d'une manière moins prononcée que le reste du plan, et les tons beaucoup plus faibles. *Figure* 2. La teinte d'eau doit se passer franchement et s'adoucir vers le centre.

N° III. — Marais.

La *figure* 1re indique sa préparation qui doit être légère et faite avec deux teintes, non fondues ensemble, l'une d'indigo pur, l'autre de vert ; la *figure* 2, les retouches des flaques d'eau qui seront tracées parallèlement et sans tâtonnement ; enfin la *figure* 3 représente les marais terminés par des coups de force qui donnent du relief aux parties découvertes et aux masses d'herbages. La *figure* 4 représente un marais boisé.

Fleuves et rivières.

Figure 5. Il faut commencer par le liséré fondu qui se trouve sur la rive ombrée ; pour le bien réussir, on doit d'abord passer sur toute la largeur de la rivière, à l'exception d'un espace de 1 ou 2 millimètres, le long des rives, un pinceau imbibé d'eau pure. On applique ensuite un liséré d'indigo sur la partie sèche en le mettant en contact avec la partie mouillée, la couleur reste alors dans toute sa force sur le long de la rive et se fond insensiblement vers le milieu de la rivière ; quand le papier a séché on passe une teinte plate de bleu très léger sur toute la surface de l'eau ; la *figure* 6 indique le filé fait au pinceau ou à la plume, en le commençant le long et parallèlement aux rives, les diminuant de force et les écartant davantage, à mesure que l'on s'éloigne des bords ; le côté du jour doit être filé avec une teinte plus légère et des traits plus fins que celui de l'ombre.

N° IV. — Bancs de sable.

Ils se lavent avec une teinte composée de carmin et de gomme-gutte ; la *figure* 2 indique des bancs couverts par la mer ; la *figure* 3 des bancs toujours découverts ; ces sables sont renforcés sur les bords par un liséré fondu, et si l'échelle est grande on peut y faire des retouches et y jeter quelques points pour rompre la monotonie.

Vases.

Figure 4. Teinte composée de gomme-gutte, de carmin et d'un peu d'encre de la Chine et d'indigo.

Marais salants.

La *Figure* 1re en indique la disposition et le lavis qui est analogue à celui des marais.

Mer.

Cette teinte se fait comme celle des rivières ; on y ajoute seulement un peu de gomme-gutte, pour lui donner un ton verdâtre.

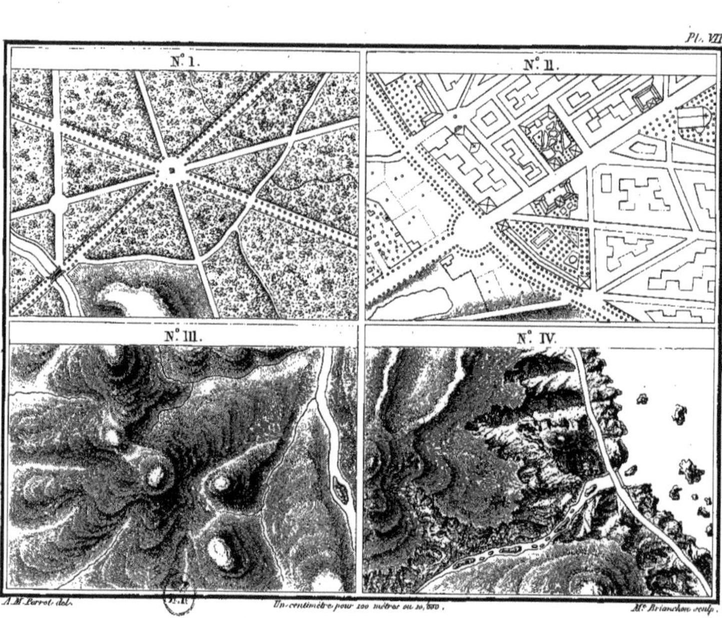
Pl. VII.
N.º 1.
N.º II.
N.º III.
N.º IV.
A.M. Perrot del.
Un centimètre pour 100 mètres ou 10,000.
M.º Brianchon sculp.

PLANCHE VII.

N° I.—Bois et forêts.

Figure 1re. La masse des bois étant dessinée à la plume ou au crayon, comme il a été dit précédemment, on procédera au lavis qui doit être amené par gradation au point de force qui lui convient : on commencera par les fonds qui doivent être mélangés de deux teintes ; l'une verte, indigo et gomme-gutte ; l'autre, orange, carmin et gomme-gutte. *Figure 2*. On passera à la préparation des touffes d'arbres, qui est aussi de deux tons, dont le plus brillant (gomme-gutte et un peu de bleu de Prusse) est placé du côté éclairé, l'autre en vert plus foncé (gomme-gutte et bleu de Prusse). Les coups de force, *figure 3*, se donnent ensuite hardiment avec du vert foncé (gomme-gutte et indigo), et sont principalement détaillés du côté de l'ombre. Les ombres portées, *figure 4*, peuvent être indifféremment faites avec de la sépia ou de l'encre pâle.

N° II.—Fragment d'un plan de ville.

Tous les massifs de maisons seront d'abord teintés avec du carmin faible, et les côtés d'ombre relevés ensuite par un trait ferme et bien pur de la même couleur.

N° III. — Montagnes.

Le dessin des élévations de terrain étant arrêté comme il est expliqué sur la *Planche III*, on en relèvera les ombres avec une teinte de sépia, ménageant les parties éclairées et leur opposant, en raison de l'élévation des sommets, des tons plus ou moins vigoureux : cette partie du lavis ayant atteint toute sa force, on passera les tons de culture, en observant que les plus brillants doivent se trouver placés sur les pentes éclairées, plus vives vers les sommets, se dégradant de force vers les vallées, dont les fonds seront d'une couleur indécise et vaporeuse, comme l'indique suffisamment le modèle.

N° IV. — Rochers.

Les masses de rochers étant arrêtées au trait, on doit les ombrer avec de l'encre de la Chine pâle ; ensuite on les colorera avec des tons jaunâtres, roussâtres et violets faibles qui leur sont propres. Ces couleurs doivent être placées en opposition et contraster avec goût, sans être adoucies ni fondues les unes dans les autres ; on reviendra avec de l'encre ou de la sépia sur les détails qu'il faut éviter de multiplier, et l'on fera ressortir ainsi les enfoncements, les creux et les parties saillantes.

Les escarpements, les ravins, les berges, etc., seront traités de la même manière, mais beaucoup plus légèrement.

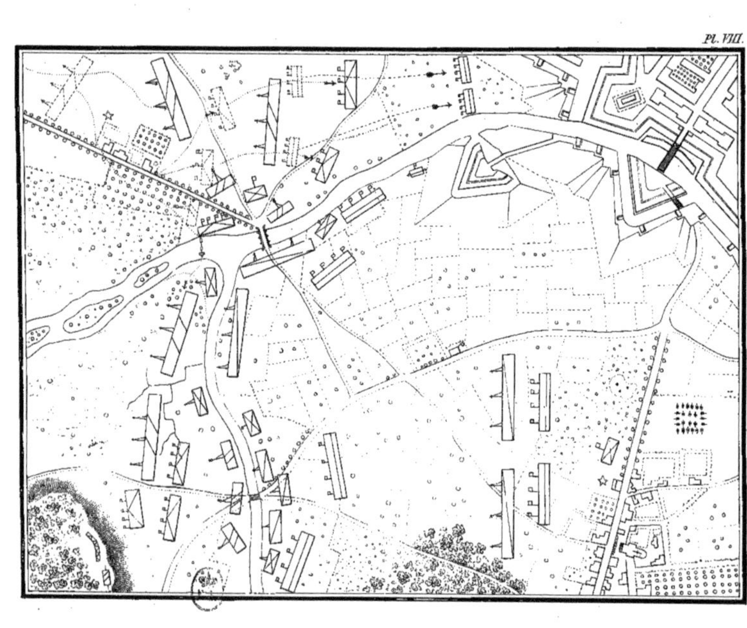

Pl. VIII.

PLANCHE VIII.

Elle comprend une partie de place fortifiée ; le trait des divers ouvrages qui la composent doit être fait à la règle et arrêté très purement avec beaucoup de soin et de régularité. Les lignes qui expriment les murs ou massifs de maçonnerie, peuvent être tracées au carmin foncé : les autres se faire très légèrement avec de l'encre de la Chine un peu faible, car un trait lourd et épais empêcherait tout l'effet du lavis. La seule ligne de feu, crête intérieure du parapet, doit être saillante et bien sentie.

On commence le lavis des fortifications par les teintes d'ombre faites avec de l'encre de la Chine ; les autres parties du plan seront lavées d'après les indications spéciales données sur les précédents modèles.

Cette planche offre aussi la manière employée pour représenter des corps de troupes et des armées en bataille ; on doit s'appliquer à ce que les parallélogrammes qui désignent les masses de troupes, soient réguliers et se détachent bien du terrain sur lequel ils sont placés.

On trouvera sur la *Planche* XI les renseignements nécessaires pour distinguer les divers corps de troupes, leur donner l'échelle du plan et l'indication des lignes de marches et de retraites.

A. M. Perrot del.

Echelle de 2 Millimètres pour 100 Mètres ou 50,000.

M. Brianchon sculp.

PLANCHE IX.

On retrouve ici le plan qui a été donné comme modèle du trait, sur lequel on a réuni tous les détails indiqués dans les planches précédentes, ainsi qu'une grande partie des signes conventionnels.

Pour laver ce plan, il faut commencer par ombrer les montagnes et les rochers; puis placer le ton local ou préparatoire de chaque partie avec les couleurs désignées pour chacune d'elle aux articles précédents, en finissant par la teinte des eaux.

On donnera ensuite à chaque culture le degré de force et de fini qui lui est propre, en ayant soin d'observer que le tout soit en parfaite harmonie.

Les villages, hameaux, maisons isolées, etc., et tout ce qui est teinté au carmin pur, doit être réservé pour la fin.

Nous avons jugé inutile de parler dans ce texte, d'une infinité de petits détails exprimés sur les modèles, attendu qu'ils sont très faciles à imiter.

Pour réunir sur cette feuille tous les genres de terrains et toutes les natures de cultures, il a fallu y représenter une étendue de pays assez considérable et employer une échelle plus petite que celles qui servent le plus ordinairement à la rédaction des plans et aux reconnaissances militaires; on trouvera sur la *Planche XIII* un modèle de ces sortes de travaux.

TEINTES CONVENTIONNELLES. Pl. X.

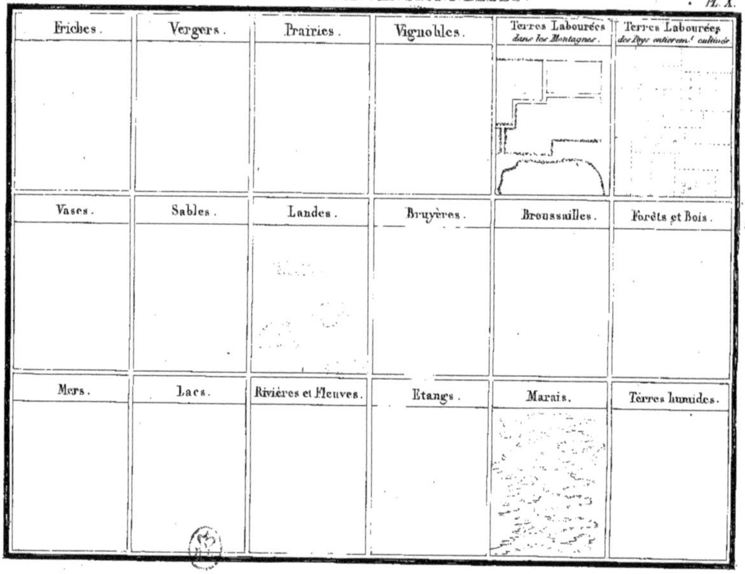
Friches.
Vergers.
Prairies.
Vignobles.
Terres Labourées dans les Montagnes.
Terres Labourées des Pays entièrem.t cultivés
Vases.
Sables.
Landes.
Bruyères.
Broussailles.
Forêts et Bois.
Mers.
Lacs.
Rivières et Fleuves.
Etangs.
Marais.
Terres humides.

PLANCHE X.

Les *teintes conventionnelles* ont pour objet d'abréger le travail des plans-minutes dressés sur le terrain, ou de ceux qui doivent être expédiés dans des cas pressants. On est convenu d'indiquer, par leur simple application, les divers genres de culture qui s'y rencontrent.

Pour les Friches, on emploie du vert faible, fait d'indigo et de gomme-gutte, et une teinte de terre, jaune et carmin, placés avec deux pinceaux et se fondant ensemble.

Vergers. Vert composé d'indigo et de gomme-gutte; quand ils se trouvent contigus avec des prairies, on peut y indiquer des arbres pour les distinguer davantage de cette dernière culture.

Prairies. Vert composé de bleu de Prusse et de gomme-gutte, et plus brillant que celui des vergers.

Vignobles. Carmin, indigo et un peu de sépia, comme cette teinte a de l'analogie avec la suivante, quand elles se trouvent en contact, on peut couvrir les pièces de vignes de points noirs, qui indiquent les plans des échalas.

Terres labourées dans les montagnes. Carmin, gomme-gutte et un peu de sépia ou d'encre de la Chine.

Les terres labourées dans des pays entièrement cultivés restent en blanc, on y indique par de petits parallélogrammes ponctués la division des pièces de terre, cependant on se dispense quelquefois de faire cette division, et alors on couvre tout le pays cultivé par une teinte légère de terre comme l'indique la *Planche XIII*.

Vases. Encre de la Chine, un peu de carmin et de sépia.

Sables. Gomme-gutte et carmin; pour les dunes on y ajoute un peu de sépia.

Landes. Vert terne, indigo, gomme-gutte et un peu de sépia, en laissant çà et là des parties blanches que l'on remplit avec la teinte des sables, retouchée légèrement aux côtés ombrés.

Bruyères. Panaché vert de prés et de rose (carmin faible) employés avec deux pinceaux.

Broussailles. Panaché du vert des vergers et de jaune, gomme-gutte, employés avec deux pinceaux et fondus.

Bois et Forêts. Teinte plate de gomme-gutte faible altérée par un peu d'indigo.

Mers. Indigo mêlé d'un peu de gomme-gutte pour lui donner un ton verdâtre.

Lacs, Rivières, Fleuves. Indigo pur, avec un adouci sur les bords.

Etangs. Même couleur avec des hachures ou retouches horizontales.

Marais. Vert des prés et indigo pur; les flaques d'eau seront retouchées avec du bleu un peu plus fort que celui du fond et par hachures horizontales ondulées.

Terres humides. Mêmes teintes que pour les marais, mais plus faibles, panachées avec deux pinceaux et non tranchées comme les précédentes.

On n'a pas essayé de donner ici la proportion de chaque couleur dans la composition des teintes; un peu d'habitude et l'examen des modèles en apprendront plus que tout ce qu'on pourrait dire de cette manipulation.

En général, toutes les teintes doivent être mises bien uniment en leur donnant un accord de tons convenable.

SIGNES CONVENTIONNELS.

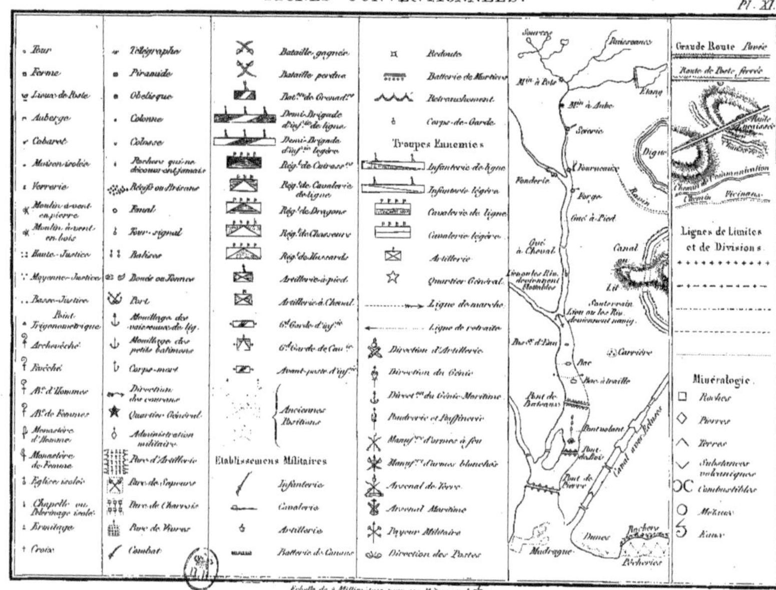

PLANCHE XI.

SIGNES CONVENTIONNELS.

Ces signes extraits des tableaux annexés au numéro 6 du *Mémorial topographique* et adoptés pour les travaux du ministère de la guerre, doivent être dessinés autant que possible à l'échelle du plan sur lequel on les emploie.

Les copier souvent à la plume et de diverses grandeurs est un très bon exercice; il faut les dessiner bien purement et avec de l'encre de la Chine foncée.

A B C D E F G H I J K L M N O P
Q R S T U V W X Y Z &. . AB Æ Œ.

A B C D E F G H I J K L M N O P
Q R S T U V W X Y Z &. . AB Æ Œ.

a b c d e f g h i j k l m n o p q r s t u v x y z &. æb.
a b c d e f g h i j k l m n o p q r s t u v x y z &. æb.

a b c d e f g h i j k l m n o p q r s t u v x y z &.

1 2 3 4 5 6 7 8 9 10.   1 2 3 4 5 6 7 8 9 10.

1 2 3 4 5 6 7 8 9 10.

PLANCHE XII.

Une mauvaise écriture suffit pour déparer le plan le mieux dessiné ; on ne peut donc trop s'attacher à la bien former, et pour y parvenir il faudra souvent copier des modèles des différents caractères, en apprenant d'abord à les dessiner au crayon et ensuite à la plume avec de l'encre de la Chine foncée. Il est essentiel d'acquérir l'habitude d'écrire vite et purement, sans être obligé de tracer à la règle les jambages des lettres, même les plus élevées ; la disposition des mots demande aussi une étude particulière ; en général on doit, autant que faire se peut, les placer parallèlement à la base de la Carte, et les distribuer de manière qu'ils ne soient ni trop près, ni trop éloignés les uns des autres.

Les caractères sont au nombre de cinq : la CAPITALE DROITE, la *CAPITALE PENCHÉE*, le **Romain** droit, le *Romain penché* et l'*Italique*.

L'écriture doit être proportionnée à l'échelle du plan ; ce rapport est indiqué dans le Tableau ci-joint des échelles.

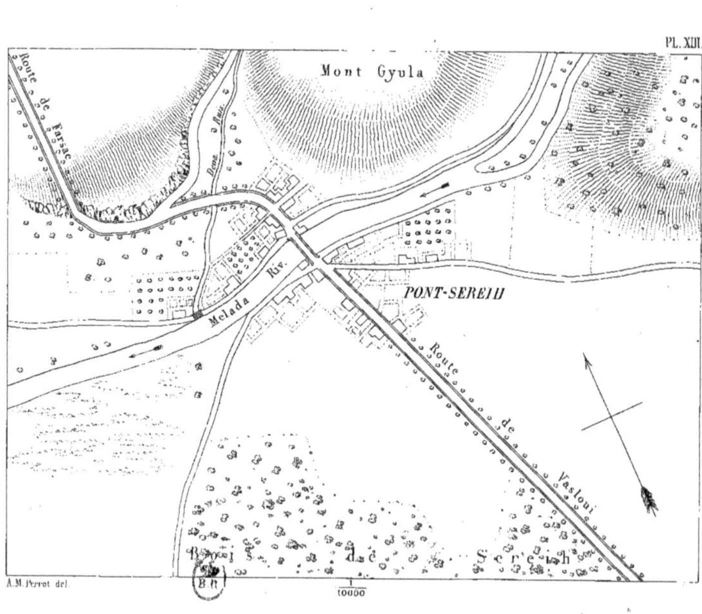

PL. XIII.
Mont Gyula
Route de Farsac
Route d'Itaci
PONT-SEREIH
Melada Riv.
Route de Vaslou
Bois de Sereih
A.M. Perrot del.
10000

PLANCHE XIII.

Cette planche offre un exemple des plans qui sont annuellement demandés aux militaires à l'époque de l'inspection générale. Toutes les parties doivent, pour le trait et pour le lavis, être traitées d'après les principes qui précèdent; mais le travail en est généralement plus large. Souvent le dessin y reste au crayon, et dans les minutes, les élévations du terrain sont seulement figurées par les tranches horizontales.

On doit, autant que cela est possible, orienter son dessin de manière que le nord soit en haut; mais, dans tous les cas, il faut placer une boussole qui indique sa direction, comme elle est figurée ici.

Une flèche indique la direction du cours de l'eau.

ÉTUDE DE TOPOGRAPHIE

Lavée avec des couleurs fixes

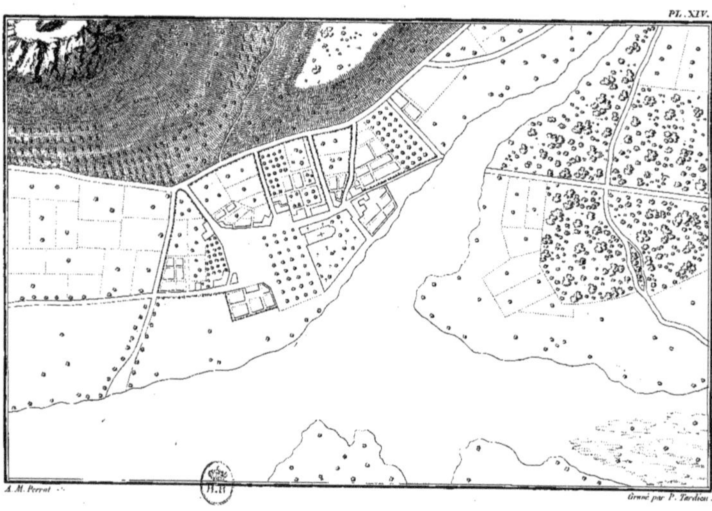

PLANCHE XIV.

La peinture à l'aquarelle atteint aujourd'hui le plus haut degré de perfection, au lavis froid et timide a succédé un coloris vigoureux, une touche large et hardie.

Tant que la peinture à l'aquarelle a été considérée comme un genre frivole et sans aucune importance, la connaissance des matières employées à son exécution n'avait guère d'utilité, l'étude de la nature chimique des couleurs, de leurs propriétés, de leurs défauts, est malheureusement étrangère à la plupart des personnes qui les emploient, et il en résulte les plus graves inconvénients; il y a des matières colorantes qui n'ont aucune solidité, s'affaiblissent, s'évaporent et disparaissent presque entièrement; d'autres, au contraire, qui poussent au ton et deviennent dures et crues, de sorte qu'une aquarelle remarquable d'abord par la bonne harmonie des couleurs et la finesse des tons, perd tout son mérite en très peu de temps, et si ce défaut a lieu pour les peintures qui ont presque toujours une assez grande vigueur, il est bien plus sensible encore pour la topographie dont les teintes sont le plus ordinairement légères et transparentes. Nous avons cherché à remédier à ce désagrément en substituant aux couleurs en usage, des couleurs fixes et solides, et c'est après de longues recherches, des expériences nombreuses et souvent renouvelées, que nous nous sommes arrêtés aux matières suivantes.

Remplacer le carmin par le *carmin fixe de garance;* la gomme-gutte par le *jaune mars;* l'indigo et le bleu de Prusse par le *bleu de cobalt;* et la sépia par le *précipité d'or de Cassius.* Le vert émeraude peut remplacer tous les mélanges de jaune et de bleu.

Ces couleurs inaltérables sont moins brillantes et d'un emploi moins facile que celles qu'elles remplacent, mais elles ont l'avantage de laisser toujours au dessin toute l'harmonie de ton qui lui a été donnée, et en les choisissant bien préparées (1), on peut, avec de l'exercice, les substituer aux autres et obtenir par des mélanges toutes les teintes désirables; dans ce cas, nous conservons l'encre de la Chine, qui est solide, et sert à éteindre les tons trop éclatants, à modifier le bleu de cobalt pour le lavis des eaux, et le vert émeraude pour celui des prés, bois, etc.

(1) Les meilleures couleurs fixes se trouvent chez M. Colcomb, chimiste, quai de l'Ecole, n° 18, au *Spectre solaire.*